Cally Stronk

Die magische Welt von Leonie Looping

Mit Bildern von Constanze von Kitzing

Ravensburger

Bibliografische Information der Deutschen Nationalbibliothek:

Die Deutsche Nationalbibliothek verzeichnet diese Publikation
in der Deutschen Nationalbibliografie.
Detaillierte bibliografische Daten sind im Internet
über http://dnb.d-nb.de abrufbar.

MIX
Papier aus verantwortungsvollen Quellen
FSC® C111262
FSC
www.fsc.org

1 3 5 4 2

Diese Ausgabe enthält die Bände „Das Geheimnis auf dem Balkon“ (Band 1)
und „Das Abenteuer am Waldsee“ (Band 2) aus der Reihe „Leonie Looping“
von Cally Stronk mit Illustrationen von Constanze von Kitzing

Postfach 24 60, 88194 Ravensburg
Text: Cally Stronk
Umschlagbild und Innenillustrationen: Constanze von Kitzing
Storyworldentwicklung: Cally Stronk und Constanze von Kitzing
unter der Mitwirkung von Steffen Herzberg
Polishing: Christian Friedrich
Autorin und Illustratorin werden vertreten durch die
Autoren- und Projektagentur Gerd F. Rumler (München)

Printed in Germany
ISBN 978-3-473-46195-0

www.ravensburger.de

Inhalt

Das Geheimnis auf dem Balkon 11

Das Abenteuer am Waldsee 103

Leo und ihre Freunde

Das ist
Leonie.
Ihre Freunde
nennen sie aber
einfach nur Leo.
Sie ist verflixte sieben Jahre alt
und verbringt die Ferien gerade
bei ihrer Oma Anni.

Florian
ist ein Junge aus
der Nachbarschaft.
Eigentlich findet Leo
ihn nett. Aber kann
sie ihm wirklich trauen?

Die beiden
Schmetterlingselfen,
die auf Oma Annis
Balkon wohnen, heißen
Mücke und Luna.
Mücke ist mutig und frech,
während Luna eher
nachdenklich und verträumt ist.

Leonie Looping

Das Geheimnis auf dem Balkon

„Fliegen ist
wie Ohrenwackeln!“

Mücke

Inhalt

Oh nein, es sind Ferien!	14
Der verbotene Balkon	28
Die Sache mit dem Ohrenwackeln	42
Jetzt wird's gefährlich!	61
Wo steckt Luna?	74
Pfui Spinne!	89
Leonie Looping	92

Oh nein, es sind Ferien!

Obwohl es ein sonniger Tag ist, kann man den Mond blass am Himmel sehen. Daneben fliegt ein Flugzeug. „Sitzen da vielleicht gerade meine Eltern drin?“, fragt sich Leo, als sie von einer tiefen Stimme aus ihren Gedanken gerissen wird.

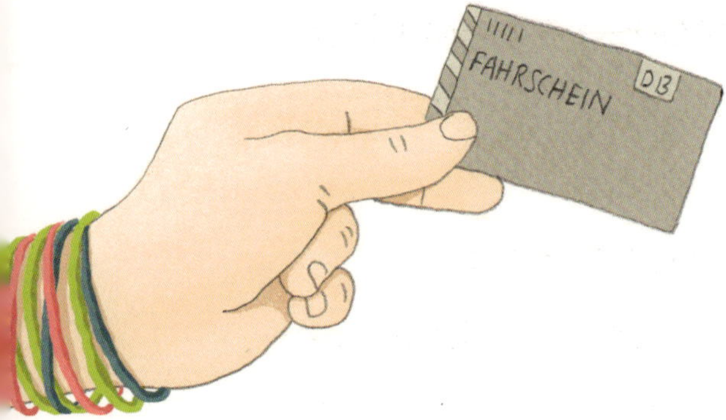

„Die Fahrkarten bitte!"
Leo kramt das Ticket aus ihrem Rucksack und zeigt es dem Schaffner. Der nickt nur kurz und kämpft sich weiter durch die volle Bahn.
„Die fahren wohl alle zum Badesee",
denkt Leo. Sie wirft einen neidischen Blick auf die Familie, die ihr gegenübersitzt. Die Mutter trägt einen großen Korb mit Handtüchern und Leckereien. Ihre Tochter hat einen riesigen Gummidelfin dabei.

Die Kleine sieht genauso aus wie ihre Mutter, nur im Miniformat. Leo streckt ihr die Zunge raus. Bäääääh!

„Mamaaaaaaaa …“, beschwert sich das Mädchen. Schnell nimmt Leo ihren Rucksack und drängelt sich Richtung Ausgang. Sie muss sowieso gleich aussteigen.

Oma Anni wartet schon am Bahnhof. Wie so oft trägt sie eines ihrer selbst genähten Pünktchenkleider. Auf dem Kopf hat sie ihren alten Motorradhelm mit einer Art Skibrille.

„Na, mein kleiner Schmetterling, hattest du eine gute Fahrt?“, fragt sie, während sie Leo herzlich knuddelt.
Leo nickt zögerlich. Dabei wippen ihre Zöpfchen in der Luft.
„Du bist ja richtig groß geworden! Und du siehst deiner Mutter immer ähnlicher!“, freut sich Oma Anni. Leo will im Moment gar nicht an ihre Mama denken. Sie ist immer noch stinksauer auf ihre Eltern. Die hatten ihr nämlich versprochen, die Ferien dieses Jahr am Strand zu verbringen. Doch nix da. Sie muss schon wieder zu Oma Anni! Weil ihre Eltern für einen wichtigen Auftrag nach Stockholm fliegen mussten. Leo seufzt und hört nur halb zu, während Oma Anni von ihren Pflanzen und den Nachbarn erzählt. „Leider sind die Schröders im Urlaub! Mit den Kindern hast du ja immer so schön gespielt!

Aber wir haben neue Nachbarn, die sind auch sehr nett …“

An der Ecke steht Oma Annis Motorroller. Lächelnd reicht Oma Leo einen Helm und hilft ihr aufzusteigen. Dann dreht sie den Schlüssel um. „Halt dich gut fest, Leo!“, ruft sie.

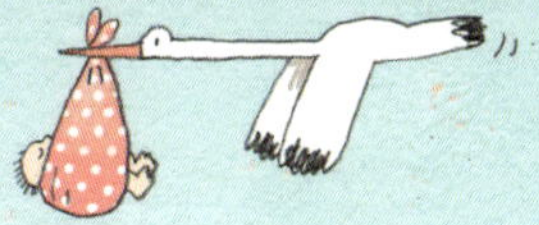

Oma Anni setzt ihre Brille auf und fährt los. Einige Kinder winken ihnen lachend hinterher. „1, 2, 3, 4 …“ Halb in Gedanken versunken, zählt Leo die Häuser, an denen sie vorbeifahren. Und schon bald sieht sie die vertrauten blauen Fenster. „Irgendwie fühle ich mich hier auch wie zu Hause“, denkt Leo. Oma parkt vor dem Haus mit der Nummer 7.

Oma Anni wohnt im zweiten Stock.
Rumms! Im Treppenhaus rempelt ein Junge Leo an und flitzt an ihnen vorbei.
Er ist etwa so alt wie sie.
„Hey, kannst du nicht aufpassen?“, mault Leo ihn an.
„’tschuldigung!“, ruft er grinsend und schon ist er verschwunden.
„Das ist der Sohn der neuen Nachbarn!“, sagt Oma Anni. „Er heißt Florian.
Ein netter Junge.“
„Eine Doofnase!“, denkt Leo.

Platsch, platsch!, tönt es dumpf von draußen. Leo guckt durchs Fenster und sieht, wie der Hausmeister gerade mit einer Schaufel einen Maulwurfshügel plattmachen will. „Wie gemein!“, denkt Leo. „Irgendwo muss der Maulwurf ja auch wohnen …“

Oben in der Wohnung riecht es nach Kuchen und Kakao. Da macht es **Miauuuu!** „Flöckchen!“, ruft Leo. Omas kleiner Kater sieht noch fast so tapsig aus wie als Baby. Leo mag Katzen wirklich gerne. Und sowieso alle Tiere. Vielleicht wird sie ja mal Tierärztin? Schließlich geht sie in Mamas altes Kinderzimmer, wirft ihren Rucksack in die Ecke und schmeißt sich aufs Bett. Es dauert nicht lange, da ruft Oma: „Leochen, kommst du essen?“ Es gibt Milchreis mit Zimt. Lecker! Der schmeckt immer so nach Weihnachten, auch wenn es gerade Sommer ist. Das mag Leo. Na, vielleicht werden die Ferien bei Oma Anni doch nicht so schlecht …

Der verbotene Balkon

„Oomaaaaa?“, ruft Leo als sie am nächsten Morgen aus dem Zimmer kommt. Keine Antwort. Leo läuft durch die Wohnung, doch von ihrer Oma ist nichts zu sehen.

„Oma?“

Immer noch keine Antwort.

Da entdeckt sie einen Zettel auf dem Küchentisch:

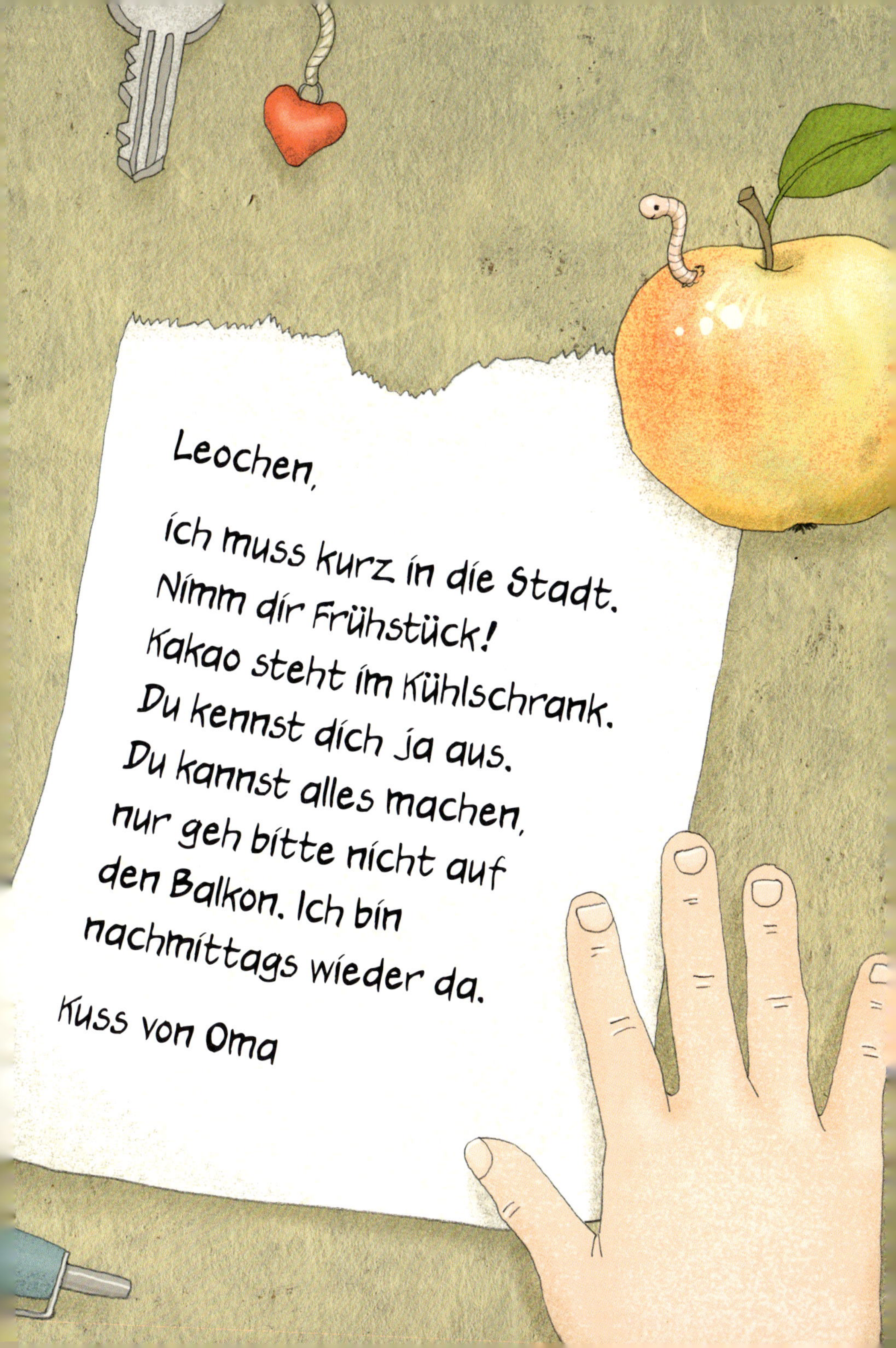
Leochen,
ich muss kurz in die Stadt.
Nimm dir Frühstück!
Kakao steht im Kühlschrank.
Du kennst dich ja aus.
Du kannst alles machen,
nur geh bitte nicht auf
den Balkon. Ich bin
nachmittags wieder da.
Kuss von Oma

Kurz weg. Bis nachmittags. Na toll! Leo merkt, wie die Tränen in ihr hochsteigen. Erst lassen ihre Eltern sie im Stich und jetzt auch noch ihre Oma. Bloß nicht heulen. Auf gar keinen Fall heulen! Leo geht zum Kühlschrank. „Früher", denkt Leo, „früher hat Oma den Kakao für mich noch warm gemacht."

Flöckchen liegt auf dem Sofa und döst. Als Leo den kleinen Kater streichelt, schnurrt er leise und rekelt sich. Dann springt er auf und hüpft vom Sofa.
„Du auch noch!“, denkt Leo und der Kloß in ihrem Hals wird noch größer.
„Warum muss ausgerechnet ich in den Sommerferien in der Wohnung hocken? Das ist doch alles total ungerecht“, murmelt Leo und macht gelangweilt den Fernseher an. Natürlich läuft auf allen Programmen gerade nur Quatsch.

„Hatschi!“ Leo muss niesen, als ein Sonnenstrahl ihre Nase kitzelt. Draußen ist richtig schönes Wetter. Wie gerne würde Leo jetzt in der Sonne sein! Eigentlich darf sie ja nicht auf den Balkon. Aber was soll schon Schlimmes passieren? Sie ist ja schließlich kein kleines Kind mehr! Leo macht den Fernseher wieder aus und steht auf. Mit einem Ruck öffnet sie die Balkontür.

Es ist schön auf Omas Balkon. In den großen Blumentöpfen gibt es Rosen und andere Blumen. Die dichten grünen Blätter wachsen mittlerweile sogar schon bis zur Decke. Leo fühlt sich fast wie im Dschungel.

„Nanu, was ist das denn?“ In den Pflanzen entdeckt sie ein kleines Häuschen, einen winzigen Liegestuhl und sogar einen Sonnenschirm … Das alles erinnert Leo an Papas Eisenbahn im Keller.

„Für diesen Mini-Kram hat Oma Zeit“, denkt Leo. „Aber für mich nicht.“

Wütend beginnt sie, mit dem Finger durch die Minigärten zu fahren. Sie kommt sich vor wie King Kong. Den Riesenaffen hat sie mal in einem Film gesehen. Am liebsten würde Leo den Blumentopf verwüsten oder vom Balkon pfeffern. Warum eigentlich nicht? Wenn sie Oma richtig ärgert, darf sie vielleicht nicht mehr hierherkommen und ihre Eltern müssen sich etwas anderes einfallen lassen … Vielleicht darf sie dann mit ihrer Freundin Mira verreisen? Lächelnd zerdrückt Leo eines der Häuschen. Es knackt leise. „Das hat Oma davon, wenn sie mich alleine lässt“, denkt Leo.

MAMA MIA!

Plötzlich schwirrt etwas aus den Pflanzen heraus und umkreist aufgeregt Leos Nase. Schnell wischt Leo es aus ihrem Gesicht. Das Insekt landet auf dem Boden und flattert verwirrt im Kreis.

„Hey, pass doch auf!“, piepst es.

„Träum ich jetzt schon mitten am Tag?“, fragt sich Leo.

„Hat das Tierchen gerade wirklich gerufen?“ Neugierig geht sie näher ran. Das Ding sieht doch irgendwie sehr merkwürdig aus! „Was bist du nur? Ein Schmetterling? Haben Schmetterlinge nicht eigentlich sechs Beine?“, murmelt Leo vor sich hin.

„Schmetterlinge schon, aber Schmetterlingselfen haben zwei Beine … und zwei Arme!“, tönt es beleidigt zurück. Leo traut ihren Ohren nicht. „Du kannst sprechen?“

„Du doch auch!“

„Oh! Hab ich dir wehgetan?“

„Ist schon okay. Wir Schmetterlingselfen sind sehr robust“, gibt die Elfe zurück und klopft sich den Schmutz von ihrer winzigen Schulter.

Die Sache mit dem Ohrenwackeln

Vorsichtig hebt Leo die Schmetterlingselfe auf und betrachtet sie genauer: Sie sieht aus wie ein kleines Mädchen und ist etwa so groß wie eine von Leos Haarspangen. Sie hat winzige Augen, Ohren und sogar Haare, die ihr wild vom Kopf abstehen.

„Du bist ja echt winzig!“, stellt Leo staunend fest.

„Du auch! Für einen Menschen zumindest.“ Die Schmetterlingselfe grinst.

„Aber ich wachse noch!“, verteidigt sich Leo und rümpft die Nase. „Ach ja, ich bin übrigens Leonie Lupinski. Meine Freunde nennen mich Leo.“

Die Elfe nickt. „Stark! Wie du ja bereits weißt, bin ich eine Schmetterlingselfe. Und Schmetterlingselfen sind etwas

ganz Besonderes! Ich heiße Esmeralda Lakritzia von Mückhausen! Meine Freunde nennen mich aber Mücke."

Die Schmetterlingselfe verbeugt sich.

„Du heißt wie das Insekt?", wundert sich Leo.

„Ich weiß nicht, wovon du sprichst!", sagt Mücke und richtet ihre Flügel. Sie sind durch den Absturz ganz schön zerknittert.

„Elfenpups noch mal!“, schimpft sie.
„Ich werde stundenlang nicht ordentlich fliegen können! Und mein schönes Haus … völlig zerstört!“
„Das tut mir leid. Ich war böse, weil meine Eltern mich im Stich gelassen haben und meine Oma auch und …“

Mücke dreht sich empört in der Luft herum und landet wütend wieder auf Leos Hand.

„Und deshalb machst du mein Zuhause kaputt?“ Die kleine Schmetterlingselfe tritt Leo gegen den Daumen. Es kitzelt ein bisschen.
„Tut mir wirklich leid!“, sagt Leo.
„Ich wusste nicht, dass du hier wohnst!“ Mücke kneift die Augen zusammen und betrachtet Leo einen Moment nachdenklich.

„Na dann“, sagt sie schließlich, „kannst du mir ja helfen, alles wieder in Ordnung zu bringen!“
„Klar!“, sagt Leo und lächelt. „Das kleine Haus bau ich dir mit links wieder auf!“
Doch als sie eines der Hölzchen aufheben will, reißt Leo versehentlich auch noch die letzte Wand ein.
„Jetzt reicht es!“, sagt Mücke sauer.
„Du bist viel zu ungeschickt. Ich geb dir ein Mittel dagegen.“

Mit ihren zerknitterten Flügeln schwirrt die Schmetterlingselfe taumelnd in ihren Blumentopf. Kurz darauf kommt sie mit einer Erbse zurück, die in ihren Händen so groß wirkt wie ein Fußball.

„Hier“, ruft sie, während sie Leo die Erbse entgegenstreckt, „iss das! Es wird bei unserem Problem helfen!“

Leo nimmt die Erbse zwischen Zeigefinger und Daumen, zögert einen Moment und steckt sie schließlich in den Mund. Sie kaut kurz darauf herum und schluckt sie mutig herunter. „Die schmeckt komisch!“, sagt sie noch und verzieht dabei das Gesicht. Auf einmal wird ihr etwas schwindelig und es beginnt überall zu kribbeln.

Alles wächst … die Blumentöpfe, das Geländer, der Tisch, Omas Liegestühle …

„Was passiert mit mir?“, ruft Leo, wobei ihre Stimme immer höher und piepsiger wird.

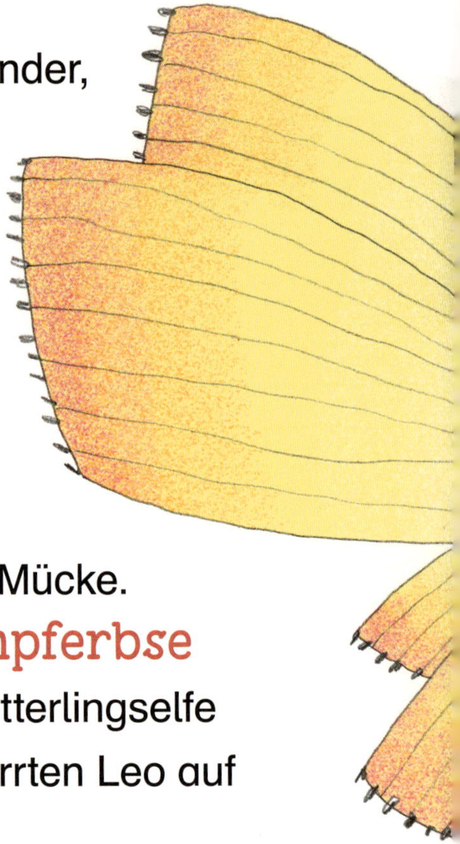

„Du schrumpfst!“, lacht Mücke.

„Du hast eine Schrumpferbse gegessen!“ Die Schmetterlingselfe landet neben der verwirrten Leo auf dem Balkonboden.

„Und was ist das?“ Leo befühlt ihren Rücken.

„Flügel!“, antwortet Mücke und grinst. Erschrocken starrt Leo die Schmetterlingselfe an: „Gehen diese … äh … Flügel … wieder weg?“

„Wenn du wieder groß wirst, verschwinden sie.“
Leo atmet erleichtert auf. Dann fällt ihr ein, dass Oma ja am Nachmittag wieder zurück sein wollte. „Wann ist das genau? Das mit dem Großwerden?“
Mücke peilt mit dem Daumen gegen die Sonne. „Na so in ungefähr … wenn nicht noch länger … das ist immer unterschiedlich …“

Mückes Wangen werden ein wenig rot. „Ich hab noch keine Erfahrung mit kleinen Menschen und Schrumpferbsen sammeln können. Aber egal! Komm, wir haben viel zu tun.“ Mücke hebt flatternd vom Boden ab.

„Und ich?“, ruft Leo.
„Na, benutz deine Flügel!“
Leo versucht die Flügel zu bewegen.
Aber nichts geschieht.
„Es geht nicht!“, jammert Leo.
„Es ist wie mit dem Ohrenwackeln!
Versuch es einzeln!“
Leo strengt sich richtig an. Schließlich zittert der eine Flügel leicht.
Gut, jetzt der andere. Der schwingt schon ein bisschen mehr.
Nach ein paar Minuten kann Leo jeweils einen ganzen Flügelschlag und noch ein wenig später hebt sie vom Boden ab.
Noch unsicher fliegt sie Mücke hinterher, die bereits im Blumentopf auf sie wartet.

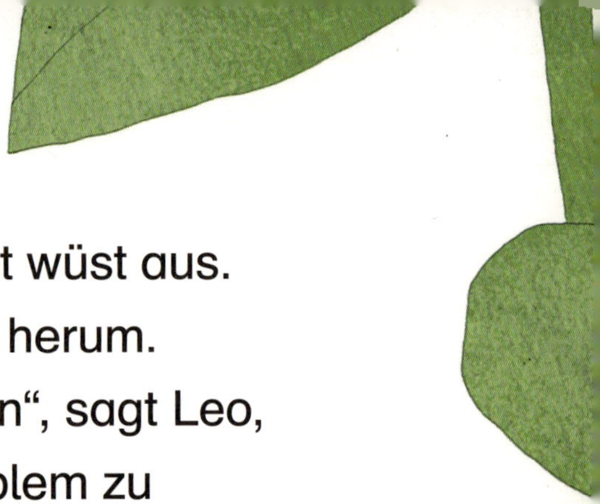

Das Häuschen sieht wüst aus.
Überall liegen Teile herum.
„Nun, wo ich klein bin“, sagt Leo,
„ist das winzige Problem zu
einem großen geworden!“

ey!

Jetzt wird's gefährlich!

Leo will gerade ein Hölzchen aufheben, da schwebt wie von Zauberhand neben ihr ein Blatt nach oben. Leo staunt: „Das Blatt tänzelt ganz allein durch die Luft! Äh … sag mal Mücke, können Schmetterlingselfen zaubern?"

„Hihi, Zauberei, so ein Quatsch!", piepst das Blatt plötzlich.

Vor Aufregung flattert Leo mit den Flügeln und hebt ein wenig vom Boden ab.

Da ertönt ein Kichern und hinter dem Blatt taucht eine weitere Elfe auf.

„Hallo!", lacht sie. „Ich bin Luna!"

Luna ist genauso nett wie Mücke. Leo und die Schmetterlingselfen erzählen und lachen, während sie zusammen Mückes Häuschen zwischen den Sonnenblumen reparieren.
„Guck mal, Leo, dahinten ist meine Villa!“, sagt Luna stolz.
In den Rosen liegt eine große Schneckenmuschel. „Du wohnst in einer Muschel?“ Leo staunt.
„Und weißt du, was das Elfigste ist?“
„Was denn?“
„Von meinem Bett aus kann ich nachts prima den Mond sehen!“

„Kommt, ich zeig euch mal, wo **ich** wohne!“, sagt Leo und fliegt fröhlich durch die offene Balkontür in Omas Wohnzimmer hinein. Die Schränke sind plötzlich groß wie Hochhäuser. Alles ist nun riesig. Es ist schon komisch, so winzig zu sein. Aber das Fliegen macht Leo richtig Spaß.

Mutig setzt sie zum Sturzflug an und macht eine Drehung. Die Schmetterlingselfen klatschen begeistert. „Wenn du richtig über Kopf im Kreis fliegst, heißt das Looping!“, erklärt Mücke. „Das hat aber noch nie eine Schmetterlingselfe geschafft!“, ergänzt Luna. „So etwas ist unmöglich!“

Sie bemerken
nicht, dass Omas
Kater, der zusammengerollt
auf dem Sofa schläft, plötzlich ein Auge
aufmacht …
Er beobachtet Leo und die Schmetterlings-
elfen aufmerksam und stellt die Ohren auf.
Jetzt entdeckt auch Leo den Kater.
„Hach, wie süß! Flöckchen ist aufgewacht!
Hallooooo!“, ruft Leo fröhlich und winkt.

„Schnell! Weg hier!“, zischt Mücke. Sie kann Leo gerade noch zur Seite ziehen, schon saust eine Pfote knapp an ihr vorbei.
„Bist du verrückt geworden, Flöckchen?“, empört sich Leo. Flink flattern sie in die Küche hinein und verstecken sich hinter einem Blumentopf auf der Fensterbank.

„Was ist
denn nur mit
Flöckchen los?“,
wundert sich Leo.
„Das musst du verstehen!“, flüstert Mücke.
„Du bist gerade mal so groß wie eine
Maus!“ Leo schaut sich unsicher um.
„Hab ich einen **Katzenhunger!**“,
ertönt plötzlich eine kratzige Stimme.
Leo zuckt zusammen. „Flöckchen
kann sprechen?“

„Äh … Schrumpferbsen haben so einige Nebenwirkungen …“, erklärt Mücke. „Wenn du klein bist, verstehst du alles, was Tiere sagen!“

„Echt? Das ist ja super! Dann können wir Flöckchen erklären, dass ich es bin und …“ Luna stupst Leo in die Seite. „Psssst, leise! Ich glaube, dass bei Katzenhunger keine Erklärungen helfen!“
Plötzlich blitzen Flöckchens blaue Augen hinter dem Topf hervor.
„Flöckchen! Ich bin’s! Leonie!“, ruft Leo noch, da springt Flöckchen bereits auf sie zu und reißt Omas Blumentopf um. Scheppernd fällt er zu Boden und zerspringt.

„Haaaaalt, Flöckchen!“ Leo flattert auf den Esstisch und landet ausgerechnet in einem halben Marmeladenbrot, das noch von ihrem Frühstück übrig ist. „Oh nein, ich klebe fest!“, ruft Leo. „Hätte ich das Brot doch bloß aufgegessen!“ Sie zerrt und zerrt, und zum Glück kann sie sich mithilfe von Mücke losreißen. „Oh nein, meine Flügel sind verklebt. Ich kann nicht mehr fliegen!“, schreit Leo entsetzt. Voller Panik stolpert sie davon – doch auf einmal steht Flöckchen vor ihr und schleckt genüsslich mit seiner Zunge über die Lippen.

„Tut mir wirklich leid, Leo!“, sagt er entschuldigend und setzt zum Sprung an.

„Okay, ich werde jetzt wohl von der Katze meiner Oma gefressen“, denkt Leo und schluckt.

Da kribbelt plötzlich ihr linkes Ohr und plopp! – ist sie wieder groß. Genau in diesem Moment knallt Flöckchen gegen ihr Schienbein.

„Aua, das tat … miaaau!“, jault Flöckchen und springt beleidigt vom Tisch. Puh, das ist ja gerade noch mal gut gegangen! Leo blickt sich um. Die Küche sieht wüst aus: Der zersprungene Blumentopf, die Blumenerde auf dem Boden und überall klebt Marmelade … Da klappert der Schlüssel im Schloss und Oma steht in der Tür.

„Leochen, was ist denn hier passiert? Warum stehst du auf dem Tisch?“

Wo steckt Luna?

„Also … ähm … Flöckchen ist einer Schmetter … äh … einer Mücke hinterhergejagt und hat alles unordentlich gemacht!“, stammelt Leo.
Oma Anni schaut erst ein wenig ungläubig, doch dann lächelt sie. „Ich helfe dir mal besser, die Scherben aufzuräumen, Leochen! Und danach backen wir auf diesen Schreck erst einmal einen leckeren Schokokuchen!“ Zum Glück ist Oma nicht böse. Dass Leo auf dem Balkon war, erzählt sie natürlich nicht.
„Der Schokokuchen schmeckt fast so wie der, den ich 1973 mit René in Paris unter dem Eiffelturm gegessen habe“, erzählt Oma Anni, als die beiden gemütlich ihren selbst gebackenen Kuchen essen.

„Äh ja, toll Oma! Der ist wirklich lecker“, sagt Leo. Immer wieder schaut sie misstrauisch zu Flöckchen.

„Wie schön, dass ihr beiden euch so gut versteht!“, bemerkt Oma Anni.

„Äh ja, das finde ich auch!“, sagt Leo. So richtig verzeihen kann sie Omas Kater noch nicht, dass er sie fast aufgefressen hätte.

Am nächsten Morgen klopft es an Leos Fensterscheibe. Gähnend zieht sie den Vorhang zur Seite und öffnet das Fenster. Mücke flattert aufgeregt umher.

„Lu … Lu … Luna ist verschwunden!“, japst Mücke empört. „Sie war gestern bei Sonnenuntergang noch Blüten sammeln und ist nicht mehr zurückgekehrt! Und jetzt … ist sie einfach weg!“ Mücke schnieft und wischt sich schluchzend eine Schmetterlingselfen-Träne aus dem Augenwinkel.

„Dann müssen wir etwas unternehmen!“, ruft Leo und zieht sich schnell an.
„Ja, wir müssen etwas unternehmen“, stimmt ihr die Schmetterlingselfe zu. „Nur was, Leo? Was sollen wir unternehmen?“ Leo hat eine Idee. Zuerst holt sie ihren Block und einen Stift. „Ich hab das mal in einem Krimi gesehen. Hier sammeln wir alle Informationen, die wir kriegen können!“, erklärt sie Mücke. Gemeinsam überlegen sie, was passiert sein könnte. Plötzlich springt Mücke auf:
„Hey, Leo, ich hab’s! Es ist die Zahl 7!“

Leo schaut Mücke verwirrt an.
„Also“, schnauft Mücke, „der Postbote kam heute 7 Minuten zu spät! Wir haben 7 Laternen in der Straße! Wir wohnen im

Haus Nummer 7. Und der Hund von unserem Hausmeister hat gestern 7-mal gebellt! Das ist bestimmt ein geheimes Zeichen!“

Leo rümpft die Nase. „Vielleicht war das auch einfach nur Zufall!“ Trotzdem notiert sie es auf ihrem Block. Und den Hausmeister schreibt sie als Verdächtigen gleich dazu. Wo er ja so doof den Maulwurf vertreiben wollte. Schließlich packt Leo ihren Block wieder ein. „Lass uns ein gutes Versteck finden und die

Verdächtigen beobachten! Hast du noch so eine Schrumpferbse? Es ist besser, wenn wir beide klein sind, dann sieht man uns nicht so schnell. Wir müssen nur aufpassen, dass die Katze meiner Oma nicht in der Nähe ist …“

Nachdem Leo gefrühstückt hat, verstecken sich Mücke und sie in einer Pflanze im Treppenhaus.

„Von hier haben wir einen guten Überblick!“, erklärt Leo.

Zuerst passiert gar nichts. Doch dann geht die Tür auf. Der Hausmeister und sein Dackel laufen durch den Flur. „Wuff“, bellt der Dackel und zieht mit der Leine in ihre Richtung.

„Hilfe, wir wurden entdeckt!“, flüstert Leo.

„Aus! Sei still, Picasso!“, schnauzt der Hausmeister seinen Hund an. Dann verschwinden die beiden in der Wohnung.

„Der ist mächtig verdächtig“, bemerkt Leo. „Schnell hinterher!“

Doch bevor sie dem Hausmeister folgen können, fällt die Tür ins Schloss.

„Hey, wir können doch fliegen! Wir können von außen in seine Wohnung gucken!“, schlägt Leo vor.

Mücke nickt begeistert. Und schon flattern Leo und die Schmetterlingselfe nach draußen.

Aufgeregt spähen sie durch das Fenster

in die Hausmeisterwohnung hinein.
Der Hausmeister und sein Dackel sitzen auf dem Sofa und gucken Fernsehen.
Plötzlich ruft Mücke aufgeregt: „Da! Das Violette dahinten! Das sind die Flügel von Luna!“
Leo kneift die Augen zusammen. „Nee, das ist bloß eine Serviette. Lass uns mal in die anderen Wohnungen schauen.

Vielleicht entdecken wir ja dort etwas!"
Also flattern sie zum nächsten Fenster.
Doch dort sind die Vorhänge zugezogen.
„Was ist hier los? Wir müssen die Wohnung stürmen! Alle Elfen zum Angriff bereit machen!", ruft Mücke und setzt zum Sturzflug an.
„Warte, meine Oma hat mir erzählt, dass die Schröders im Urlaub sind!", bemerkt Leo.
„Oh, da haben sie noch mal Glück gehabt!"
Mücke stoppt mitten im Sturzflug und schnauft. „Na dann, auf zu den nächsten Verdächtigen!"
Leo und Mücke fliegen in den zweiten Stock. Leo muss kurz kichern, als sie auf dem Weg dorthin einen Blick in ihr eigenes Zimmer wirft. Schließlich landen sie auf der Fensterbank der Nachbarwohnung.
Es ist das Zimmer dieses Florians, den

Oma Anni ja so nett findet. Florian sitzt an seinem Schreibtisch und ist mit irgendwas beschäftigt. Als Leo schon weiterfliegen will, entdeckt sie in seiner rechten Hand einen Teelöffel. Leo versucht zu erkennen, was Florian genau tut, doch sein Rücken ist im Weg. Schnell flattert sie ein Stück hinauf. Von weiter oben hat sie einen freien Blick.

Leo kann es kaum glauben: In Florians linker Hand liegt Luna. Er ist gerade dabei, ihr mit dem Löffel etwas einzuflößen. „Dieser Schuft!“, schimpft Leo. „Er hat Luna! Ich hab’s doch gewusst, dass mit dem was nicht stimmt! Er will sie vergiften! Los, wir müssen Luna retten! Schnell!“

Pfui Spinne!

Das obere Fenster steht einen Spaltbreit offen. „Los! Wir stürzen uns auf ihn!“, zischt Mücke.
„Okay, und dann? Wir sind doch nur dreieinhalb Zentimeter groß!“, bemerkt Leo.
„Ja, aber dafür sind wir in der Überzahl!“, sagt Mücke stolz.
Sie flattern in Richtung Schreibtisch, da geht plötzlich die Zimmertür auf und Florians Mutter kommt herein.
„Wir brauchen ein Versteck! Schnell!“
Leo schaut sich um. In der Ecke steht ein Glaskasten. „Da rein!“, flüstert sie und gerade noch rechtzeitig schlüpfen sie durch eine Lücke in der Abdeckung.
„Boa, das sieht hier ja aus wie im Wilden Westen! Lauter Kakteen und Sand! Es ist auch richtig warm hier drin!“, staunt Mücke.

Weder Leo noch Mücke bemerken, wie sich acht Augen auf sie richten und sich acht haarige Beine in Bewegung setzen …
„Na so was! Ich bekomme hier recht selten Besuch!“, knarzt plötzlich eine Stimme.
Leo und Mücke drehen sich um.
Vor ihnen steht eine riesige Vogelspinne.
„Pfui Spinne!“ Vor Schreck kann Leo sich nicht bewegen. Ängstlich klammert sie sich an Mücke fest!
Da fängt die Spinne an zu kichern.
„Keine Sorge, euch passiert nichts!
Ich bin seit drei Wochen Vegetarierin.
Die armen Tierchen tun mir so leid.“

„Oh, Glück gehabt!“, schnauft Leo erleichtert. Im Augenwinkel beobachtet sie, wie Florians Mutter das Zimmer verlässt.
„Äh, bevor du’s dir anders überlegst … wir gehn dann mal wieder! Tschüssi!“
Flink flattern Leo und Mücke durch den Spalt aus dem Terrarium.

„Du Fiesling, jetzt bist du dran!“, brüllt Mücke. „Wir werden dich … äh … kneifen!“ Sie wollen gerade auf Florian losgehen, da ruft Luna dazwischen: „Stoooop! Hört auf! Er wollte mir nur helfen! Ich hatte einen Krampf im Flügel und bin hingefallen. Da hat er mir Honig und Magnusium gegeben!“

„Das heißt Magnesium!“, erklärt Florian. „Das hilft bei Krämpfen.“

Leo und Mücke staunen.

„Dann willst du also Luna nicht vergiften?“, piepst Mücke.

„Äh nee, ich wollte ihr nur helfen. Ich will doch mal Arzt werden!“, erklärt Florian.

Leo denkt nach. So fies ist dieser Florian

wohl doch nicht. Luna geht es besser und sie kann sogar schon wieder fliegen. Leo will einen riesigen Freudensprung machen, aber stattdessen saust sie blitzschnell durch die Luft und fliegt einen Kreis. Die anderen schreien noch, da steht Leo plötzlich kopfüber an der Decke.

„Boah, das war… ein echter Looping!“, staunt Luna.

Leo ist mächtig stolz. Im selben Moment kribbelt es in ihrem linken großen Zeh. „Nanu“, denkt Leo. Die Wohnung wird immer kleiner, es macht plopp! – und Leo ist wieder groß. Kurz scheint es, als würde sie an der Decke stehen bleiben. Doch dann kracht sie mit einem lauten Knall auf das Sofa. Florian mustert Leo. „Sag mal, bist du nicht die Enkelin von Frau Weber, unserer Nachbarin?“

„Äh … stimmt!“, lacht Leo.

„Okay, da musst du mir wohl einiges erklären!“, sagt Florian grinsend.

„Ich bin übrigens Flo!“

„Und ich bin Leo. Eigentlich heiß ich Leonie!“

„Leonie Looping!“, sagt Flo.

Leo muss feststellen, dass Flo doch echt nett ist. Sie quatschen noch lange.
„Ach?“, freut sich ihre Oma später beim Abendessen, „du warst bei dem netten Nachbarsjungen von nebenan? Für den

hab ich etwas mitgebracht. Er hat so lieb für mich eingekauft, als ich krank war."

Auf dem Küchentisch steht ein klitzekleines Bäumchen mit einem echten Stamm und echten Blättern.

„Was ist das denn für ein komischer Minibaum? Ist das ein Spielzeug?", wundert sich Leo.

„Nein, das ist ein Bonsai!", erklärt Oma Anni. „Das ist japanische Pflanzenkunst."

Leo schüttelt verwundert den Kopf. „Was will denn Flo mit einer Pflanze? Schenk ihm doch lieber sieben oder am besten acht Tafeln Schokolade!"

„Weißt du, Leochen, jede Pflanze hat etwas ganz Besonderes! Manchmal muss man nur genau hinsehen!", antwortet Oma Anni und lächelt.

Als es abends dunkel wird, klopft es wieder an Leos Fensterscheibe. Es sind Mücke und Luna.

„Wir wollen uns bedanken! Wir haben ein Geschenk für dich! Hier!“ Vor ihnen auf der Fensterbank steht ein kleines Säckchen.

„Oh danke!“ Leo schaut neugierig hinein.

„Das sind ja …“

„… Schrumpferbsen!“, sagen Mücke und Luna lachend. „Du darfst nur nicht mehr als eine am Tag essen, sonst passieren komische Sachen.“

Leo nimmt eine der Erbsen in die Hand. Sie ist fast kugelrund und schrumpelig. Und sieht irgendwie aus wie ein kleiner Mond.

„Damit“, sagt sie, „werden die Sommerferien bestimmt nicht langweilig!“

Leonie Looping

Das Abenteuer am Waldsee

„Natürlich
können alle mitelfen
... äh mithelfen!“

Mücke

Inhalt

Dracheneier und Orangen 106

Ein Fläschlein liegt im Walde … 122

Die fliegende Flasche 135

Elfenangriff! 141

Hinter der Mauer, auf der Lauer 150

Musik und schallendes Gelächter 162

Die Geister des Waldes 175

Dracheneier und Orangen

„Ihr wart echt noch nie in einem Supermarkt?“, fragt Leo die Schmetterlingselfen, während sie ihr Fahrrad abschließt.

„Nein. Was ist denn so super an diesem Markt?“ Mücke flattert aufgeregt um Leos Nase herum.

„Äh … also da drin gibt es ganz viele super Sachen, Gemüse und Obst und …“

„Dann ist das so was wie unser Balkon, nur in größer!“, piepst Luna. „Wieso nennen die das nicht gleich Superbalkon?“

Leo grinst. „Ja, das wäre ein klasse Name!

Und jetzt versteckt euch besser, bevor wir reingehen! Die Menschen dürfen euch nicht sehen!“

Schnell flattern Mücke und Luna in Leos Haar, klammern sich um eine Haarsträhne und halten die Flügel ganz still. So sehen sie aus wie kleine Haarspangen, die perfekte Tarnung!

„Oh, ein Zauberer hat uns die Tür geöffnet, wie elfig!“, freut sich Luna, als die Eingangstür automatisch aufgeht.
Leo kichert. Sie will gerade zu einem Einkaufskorb greifen, da schubst sie ein Jugendlicher mit einer gelben Mütze unsanft zur Seite. „Hey, du Zwerg, tret mir nicht auf meine neuen Schuhe!
Und jetzt lass mich mal durch! Wir planen ’ne Party. Und eins ist klar: Du bist nicht eingeladen!“, blökt er.
Seine Freunde lachen.
„Sind die Menschen hier immer so unfreundlich?“, fragt Mücke.
„Das sind nur ein paar doofe Jugendliche“, sagt Leo.

„Oh, das tolle Obst da drüben will ich mir mal aus der Nähe anschauen!“, piepst Luna und flattert aus Leos Haar.
„Au jaaa!“, ruft Mücke und saust hinterher.
Während Leo ein paar Äpfel einpackt,

fliegen die Elfen staunend über die Birnen und Bananen. Zum Glück ist gerade niemand in der Nähe, der sie sehen könnte.

„Was ist das denn für eine Frucht?“, ruft Mücke erstaunt. „Die hat ja einen Kaktus auf dem Kopf und einen Panzer wie eine Schildkröte! Oder ist das ein Drachenei?“

„Das ist eine Ananas!“, erklärt Leo. Da bemerkt sie im Augenwinkel eine Frau mit einem Einkaufswagen voller Klopapier.

Die Frau steuert direkt auf das Obst zu.
„Es kommt jemand! Versteckt euch!“, zischt Leo.
Schnell verschwinden Mücke und Luna hinter der Ananas.
„Kindchen, lass mich mal durch! Ich brauche eine Ananas!“, ruft die Frau und

greift direkt zu der Frucht, hinter der sich Mücke und Luna verstecken. Oh nein! Leo hält den Atem an … Wenn die Klopapierfrau die Elfen entdeckt, schreit sie bestimmt. Und dann kommt der Supermarktchef und fängt Leos kleine Freundinnen …

Doch die Frau schnappt sich nur schnell die Ananas, ohne genau hinzusehen, und schon ist sie wieder weg. Leo schaut ihr verwundert hinterher.
„Oh, diese Frau kann aber gut einkaufen! Wie elfenhaft!“, staunt Luna.

„Zum Glück ist euch nichts passiert!“ Erleichtert atmet Leo aus. Dann wirft sie einen Blick auf Omas Einkaufsliste. Dass Erwachsene immer so undeutlich schreiben müssen, das kann man ja kaum lesen! Das letzte Mal hat Leo aus Versehen Eis anstatt Reis mitgebracht … Gerade als Leo ein paar Orangen in den Einkaufskorb legen will, ruft jemand ihren Namen.

„Hallo, Leo!“ Es ist Flo, der Sohn von Oma Annis Nachbarn. Er steht bei den Limonaden.

„Hallo, Florian!“, ruft Leo und winkt. Jetzt kommt Flo rüber. In der Hand hat er eine Flasche Blubber-Limo. Die schmeckt richtig lecker. Leos Mama kauft die Limo leider nur, wenn Leo Geburtstag hat. Leo seufzt und schaut nicht richtig hin, als sie die nächste Orange nimmt.

„Vorsicht!“, brüllt Mücke noch. Doch es ist zu spät! Schon kommt eine Orange nach der anderen ins Rollen. Leo versucht die Früchte aufzuhalten, aber sie kann nichts dagegen tun: Unzählige Orangen purzeln ihr entgegen und kullern quer durch den Laden.

„Das kannst du schön wieder aufräumen!“, ertönt plötzlich eine tiefe Stimme hinter ihr. Leo wirbelt herum. Vor ihr steht der Supermarktchef. „Hast du mich gehört, kleines Fräulein? Hier wird aufgeräumt! Und zwar sofort!“ Leo nickt schnell. Der Supermarktchef stapft wütend davon.

ZING

„So was Ungeschicktes!“, meckert er noch … und im selben Moment stolpert er über eine Orange und schwankt. Er rudert mit den Armen und kann sich gerade noch an einem Regal mit Keksen festhalten. Dabei reißt er es um und es fällt krachend zu Boden. Neben Leos Ohr kichert es. „So ungeschickt, hihi!“

Oje! Überall im Supermarkt liegen Orangen und Kekspackungen. Sogar unter die Kühltruhe ist eine Orange gerollt. Und die Leute glotzen.
Wie peinlich!
Mit hochrotem Kopf sammelt Leo die Früchte ein. Da taucht Flo neben ihr auf. „Ich helf dir!“, sagt er und lächelt.

Nachdem sie alle Orangen eingesammelt haben, verabschiedet sich Flo.

„Ich muss noch zum Schwimmen! Wir sehen uns!“

So schnell es geht, bezahlt Leo die Einkäufe und macht sich auf den Weg zu Oma Anni.

Ein Fläschlein liegt im Walde ...

„Das war voll peinlich! Wie die mich alle angestarrt haben.“ Leo geht die Sache mit den Orangen nicht aus dem Kopf.

„Immer halten mich alle für tollpatschig.“ Grummelnd räumt sie die Einkäufe in Omas Küchenschränke.

„Ich hab’s!“, ruft Mücke auf einmal.

„Was hast du?“

„Wir machen einen Ausflug! Dann kommst du auf andere Gedanken! Bei uns Schmetterlingselfen sagt man: Ein Ausflug am Morgen vertreibt Kummer und Sorgen!“

„Aber es ist doch schon Mittag!“, bemerkt Leo.
„Es ist halt ein ganz, ganz später Morgen!“, erwidert Mücke grinsend.
Luna klatscht begeistert in ihre winzigen Schmetterlingselfen-Händchen.
„Ja, lasst uns zum Schrumpferbsen-Strauch am Waldsee fliegen!
Der ist wunderschön und sehr elfig. Elfen-Ehrenwort!
Da wachsen die schönsten Blumen und da gibt es das klarste Wasser!“
„Ein kleiner Ausflug ist wirklich keine schlechte Idee“, denkt Leo.

Ihre Oma ist beim Yoga mit ihren Freundinnen. Leo bleibt also genug Zeit, bis Oma Anni zurückkommt. Wo hat sie nur ihre Schrumpferbsen?

Es kitzelt wieder so lustig, als Leo eine von den Schrumpferbsen isst. Rasend schnell wird alles groß um sie herum und – Tsching! – wird Leo zur Schmetterlingselfe. Sie breitet die Flügel aus, fängt an zu flattern und hebt ab.

„Oh wie schön ist doch das Fliegen!“

Fröhlich saust sie durch die Luft.

„Komm, hier geht's lang!“, ruft Mücke, und schon flattern die drei durch das offene Fenster hinaus.

Von oben sieht die Welt ganz anders aus.

STOP

Gemeinsam fliegen sie über die Gärten hinweg. Es ist toll! Leo fühlt sich frei und riesengroß, obwohl sie winzig klein ist. „Dahinten zwischen den beiden großen Tannen liegt der Waldsee! Mitten in einem bunten Meer aus Blättern und Blüten! Siehst du ihn schon?“, piepst Luna stolz. Leo nickt aufgeregt.

Doch als sie näher kommen, bemerken sie, dass es nicht nur die bunten Blumen sind, die um den See herum leuchten. Hier liegen auch viele leere Flaschen, rostige Dosen und alte Plastiktüten. Im Waldsee schwimmt eine Flasche mit Salatsoße. „Das ist ja voll eklig!“, staunt Leo. Jetzt, wo sie klein ist, ist der Müll riesengroß und bedrohlich. „Schaut mal! Da drüben ist der Schrumpferbsen-Strauch. Er steht hier schon seit mehr als tausend Jahren. Oh nein, jemand hat einen Zweig abgeknickt!“, sagt Luna traurig.

Empört stolziert Mücke durch den Müll. „Diese alten Batterien sind giftig! Und in diesem Obstnetz könnte sich ein Hase mit seinen Pfoten verfangen! Da kommt er nie wieder von selbst raus!“

„Vorsicht, Leute, hier liegen überall Scherben. Die sind mordsgefährlich für alle!“ Lunas Stimme zittert ein bisschen.

„Wer macht denn nur so was?“

„Hiiilfe ... QUAK, QUAK! Ich bin gefangen, QUAK, QUAK!“, ertönt plötzlich eine Stimme.

„Wer redet denn hier von Quark?“ Leo sieht sich um. „Schaut mal – in der Flasche da sitzt eine Kröte!“

„Ein Krötenkind!“, ruft Luna. „Es findet nicht mehr heraus! Wir müssen ihm helfen! Nur wie?“

Leo denkt kurz nach, und dann hat sie eine geniale Idee.

„Wozu haben wir Flügel?“, fragt Leo und grinst.

So schwer ist die Flasche gar nicht und zusammen sind Leo und die Elfen richtig stark. Gemeinsam heben sie die Flasche in die Luft und drehen sie auf den Kopf. Plumps! – rutscht das Krötenkind heraus und landet auf dem Boden. „Danke, QUAK, ihr habt mich gerettet, QUAK, QUAK!“, freut es sich und hüpft ins Gebüsch.

„Das ist gerade noch einmal gut gegangen!“, stellt Leo fest. „Wir sollten hier aufräumen, bevor noch mehr passiert! Ich frag mich echt, wer den ganzen Müll hier hingeschmissen hat!“

In diesem Moment fällt ihr Blick auf das Etikett der Flasche, in der die kleine Kröte gefangen war.

„Blubber-Limonade!“, liest Leo laut …

Die fliegende Flasche

„Dieser Flo hat genau so eine Blubber-Limonade vorhin im Supermarkt gekauft! Und dann hat er sie bestimmt mit dem anderen Müll hier hingeschmissen. So ein Ferkel!“ Mücke fliegt vor Wut im Zickzack.

„Aber vielleicht ist das nur Zufall!“, wirft Leo ein.

„Das kann kein Zufall sein! Die Beweise sind eindeutig! Wir müssen ihm eine Lehre erteilen! Es geht doch um unseren tausendjährigen Schrumpferbsen-Strauch! Wir sollten sofort zur Tat schreiten! Hier liegt eine stinkende Socke, die können wir ihm auf sein Kopfkissen legen!“

„Und wir können ihm die alte Salatsoße in die Haare schmieren!“, schlägt Luna vor.

„Jaaa!“, ruft Mücke. „Und anschließend bewerfen wir ihn mit Müll. Dann bleibt alles an ihm kleben und er sieht aus wie eine **wandelnde Mülltonne!**“

Die Schmetterlingselfen kichern.

„Aber vielleicht sollten wir erst mal mit Flo reden!“, wirft Leo ein.

„Was?“ Mücke schüttelt empört den Kopf. „Nein, er würde doch alles abstreiten! Es ist wichtig, dass der kapiert, dass man keinen Abfall in den Wald werfen darf!“

Mücke schaut Leo mit funkelndem Blick an. „Na gut, wenn du unbedingt willst, dann stimmen wir eben ab! Wer ist alles dafür, diesem Florian, diesem frechen Umweltferkel, jetzt sofort eine Lehre zu erteilen?“

Mücke und Luna heben beide die Hände.

„Zwei!“, sagt Mücke zufrieden. „Und wer ist dagegen?“

Leo hebt die Hand.
„Eins!"
Leo seufzt. „Okay, ihr habt gewonnen! Dann werfen wir eben ein bisschen Müll auf ihn, aber die Salatsoße lassen wir weg."

„Hurra, volle **Elfenkraft** voraus! Bringen wir diesem Flo seine Flasche zurück! Aber lasst sie uns vorher noch mit etwas Schlamm füllen! Ja, genau so … hihi … und hoch damit!“, brüllt Mücke.
Leo und Luna heben gemeinsam die Blubber-Flasche mit der schlammigen Brühe in die Luft und flattern los. Mücke

schnappt sich auch noch einen dreckigen Pappbecher und schon fliegen sie gemeinsam über die Gärten nach Hause. Nicht nur der Hausmeister staunt über die fliegende Flasche …

Elfenangriff!

Kling! Klong!

„Hihi, diese kleinen Steinchen machen lustige Geräusche!“, kichert Luna bevor sie das nächste Kieselsteinchen gegen Flos Fenster wirft.

„Mach schon auf, du Verbrecher!“, piepst Mücke.

Es dauert nicht lange, da geht das Fenster auf. Flo schaut sich suchend um. Natürlich sind Leo und die Schmetterlingselfen viel zu klein, als dass er sie entdecken könnte. Mücke ballt ihre Fäuste. Und auch Leo und Luna sind sehr aufgeregt.

„Und los! Alle Schmetterlingselfen abheben!“ Mücke gibt das Kommando. Wie ein Hubschrauber schweben Leo und die Elfen mit der Flasche und dem anderen Müll empor, direkt auf Flos Fenster zu. Gerade als er das Fenster wieder schließen will, fliegen sie hinein.

„Und jetzt: Elfenangriff!“, schreit Mücke.

„Jaaa, Elfenangriff!“, rufen auch Leo und Luna.

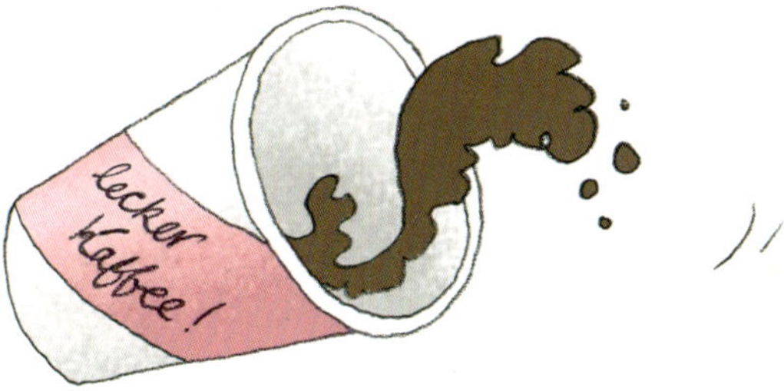

Mit voller Kraft schleudern sie den Müll quer durch Flos Zimmer.

Boing! Der Pappbecher trifft Flo am Kopf. Und Rumms! – knallt die Blubber-Flasche gegen eine Topfpflanze, die auf Flos Schreibtisch steht. Krachend fällt sie auf den Boden, während Leo und die Elfen in einem Regal direkt vor Flos Nase landen.

„Da siehst du mal, was dein Müll alles anrichten kann!“, sagt Mücke stolz.

„Du … du Müllferkel!“, ruft Luna.

Flo schaut Leo und die Elfen überrascht an. Dann stürzt er zu der Pflanze am Boden. Es ist das Bonsai-Bäumchen, das er von Oma Anni geschenkt bekommen hat. Ein paar Äste sind abgeknickt und auf dem Boden liegt überall Blumenerde.

„Spinnt ihr? Ihr habt wohl völlig den Verstand verloren!“

„Nee, aber du hast eindeutig zu viel Müll verloren!“, kichert Mücke.

Da raschelt es in dem abgeknickten Bäumchen und ein Surren ertönt.

„Nanu, was ist denn das? In dem Blumentopf hat sich doch gerade was bewegt!“, staunt Leo.

„Das brummt ja wie sieben dicke Maikäfer!“, wundert sich auch Mücke.

Plötzlich wird Blumenerde aufgewirbelt.
Und vor ihnen in der Luft schwebt …
ein kleiner Schmetterlingself.
„Oh!“ Leo, Mücke und Luna bleibt vor
Staunen der Mund offen stehen.
„Kim-Chi, geht’s dir gut?“, fragt Flo besorgt.
„Ui, mir ist ganz schwindeltaumelig!“,
japst der kleine Elf.

Wütend dreht Flo sich zu Leo und den Elfen um. „Ihr hättet ihn fast umgebracht! Warum habt ihr das gemacht?“

„Na, weil du den ganzen Müll in den Wald geschmissen hast …“, versucht Leo zu erklären und flattert nervös mit ihren Flügeln.

Flo starrt sie an. „Wovon redest du? Ich würde niemals Müll in den Wald schmeißen! Was denkt ihr denn von mir?"
Mücke schaut Flo prüfend an.
„Aber wir haben einen Beweis!"
„Was für einen Beweis?"
„Na, die Flasche!" Mücke zeigt auf die Blubber-Flasche am Boden.
„Das soll ein Beweis sein?", ruft Flo aufgebracht. „Wisst ihr eigentlich, wie viele Blubber-Flaschen es auf dieser Welt gibt?"
Flo geht zu seiner Sporttasche und öffnet sie. „Schaut mal, hier in meiner Tasche habe ich die Blubber-Flasche von heute Morgen, sie ist sogar noch halb voll!"
„Oh …" Leo wird ganz rot im Gesicht.
„Äh, also, ich hoffe, es war dir trotzdem eine Lehre!", sagt Mücke. „Kommt Elfen, wir müssen weiter!" Mücke und Luna flattern in Richtung Fenster.

„Wartet!“, sagt Leo. „Wir haben einen Fehler gemacht. Flo hat mit dem Müll im Wald nichts zu tun. Und wir hätten seinen Elf … äh … Kim-Chi fast verletzt. Ich finde, wir sollten uns bei ihnen entschuldigen!“

„Na gut, elfige Elfen-Entschuldigung!“, piepsen Mücke und Luna wie aus einem Mund.

„Entschuldigung auch von mir!“, sagt Leo. Flo schaut Leo und die Schmetterlingselfen einen Augenblick nachdenklich an. „Ihr seid echt verrückt! Aber ich nehme die Entschuldigung an. Wie wäre es, wenn wir gemeinsam den wahren Übeltäter finden?“

„Das wäre ja … eigentlich wirklich elfig! Okay, du und Kim-Chi, ihr könnt mitelfen … äh helfen!“, piepst Mücke.

„Aber diesmal …“, ergänzt Leo, „… werden wir erst in Ruhe überlegen und einen Plan machen, wie wir den Schuldigen finden!“

Hinter der Mauer, auf der Lauer!

„Hier ist es!“, erklärt Leo als sie und Flo am nächsten Tag gemeinsam zum Waldsee gehen. Mücke und Luna sitzen auf Leos Schulter und Kim-Chi fliegt in einem Meter Abstand voraus. Auch Flo ist mächtig wütend, als er den Müll im Wald sieht.

„Was machen wir denn jetzt, um den Täter zu überführen?“, überlegt Flo laut.

„Das ist doch ganz einfach!“, ruft Mücke.

„Wir hängen Plakate auf, am besten tausend Stück. Und wir buddeln ein riesiges Loch! Da fällt dann der Verbrecher rein!“

„Mücke, du übertreibst mal wieder! Nachher verletzt sich noch jemand.

Wir legen uns einfach auf die Lauer und warten, was passiert“, sagt Leo. „Vielleicht kommt der Täter zurück …“

Flo nickt. „Okay, Leo und ich verstecken uns hinter der Mauer da drüben und ihr Elfen fliegt zum Waldweg auf der anderen Seite und beobachtet alles. Wenn etwas Auffälliges passiert, geben wir uns folgendes Signal:

„Uhhhhuhhhhhuuu!“ Flo macht ein Käuzchen nach.

„Oh, das hört sich ja richtig echt an!“, staunt Leo.
„Das kann ich schon lange!“, piepst Mücke und macht Klingelingeling!
„Hey, das war doch eine Fahrradklingel!“, lacht Leo.

Mücke grinst. „Ich bin eben eine viel beschäftigte Elfe, da kann man so was schon mal verwechseln!“

Die Kinder hocken nun schon eine Ewigkeit hinter der Mauer, ohne dass etwas passiert. Auf einmal stößt Flo Leo in die Seite. „Schau mal, dahinten!“

Leo dreht sich um. „Seit wann kann denn eine Mülltüte von alleine über die Wiese kriechen? Das müssen wir uns genauer ansehen!"

Leise schleichen Leo und Flo näher heran.

„Jetzt verstehe ich!", staunt Leo.

„Es ist eine Ratte, die eine Plastiktüte hinter sich herschleppt! Die Ratte war's! Sie hat den Müll in den Wald gebracht!“ Leo springt auf.
Im selben Moment ertönt ein Käuzchenruf. Und eine Fahrradklingel.

„Wir müssen zu den anderen!“, flüstert Flo. Aufgeregt laufen die Kinder durch das Gestrüpp. Hier und da knacken Zweige, aber das scheint die Ratte nicht zu hören. Oder nicht zu stören.

„Hier oben sind wir!“, ruft Kim-Chi leise. Er, Mücke und Luna sitzen auf dem Ast einer kleinen Buche.

„Wir haben das Ferkel!“, zischt Mücke.

„Die Ratte da drüben!“ Mücke flattert

aufgeregt mit ihren Flügeln. „Alle Elfen zum Angriff bereit machen!“

„Äh, sollten wir nicht erst mal mit der Ratte sprechen?“, wirft Leo ein. „Schließlich haben wir ja schon mal jemanden falsch verdächtigt!“

Mücke schaut etwas zerknirscht. Dann nickt sie aber. „Na gut, Elfen, lasst uns mit dem Schuft reden!“

Als die Ratte die Elfen sieht, strahlt sie über das ganze Gesicht und hüpft fröhlich winkend auf und ab.

„Komisch, so freundlich sieht ein Verbrecher doch normalerweise nicht aus!“, bemerkt Leo. Vorsichtig nähern auch sie und Flo sich.

Die Ratte zeigt auf den Müllberg und piepst etwas Unverständliches.

Wenn Leo jetzt eine von den Schrumpferbsen essen würde, wäre sie auch eine Schmetterlingselfe und könnte mit allen Tieren der Welt sprechen …

„Äh … Kim-Chi, kannst du vielleicht übersetzen?“, bittet Flo.

„Na klar!“, grinst der kleine Elf. „Die Ratte heißt Risto. Und sie will uns zum Essig … äh … zum Essen einladen! Sie meint, heute ist unser Glückstag: Sie hat feinste Speisereste mit … äh …

Edelschimmel gefunden … das wird ein echtes Festmahl!“
Mücke und Luna kichern.
Leo wird ein bisschen schlecht bei der Vorstellung. „Oh … äh … Sag ihr vielen Dank für die Einladung, das ist sehr nett, aber wir haben schon gegessen!“
„Hat sie gesehen, wer den Müll hier hingeschmissen hat?“, fragt Flo.
Wieder fiept die Ratte.
„Menschen, sagt sie. Laute Menschen“, übersetzt Kim-Chi.
Im selben Moment ertönen Stimmen und Musik vom Waldweg her.
„Da kommen sie! Die Menschen“, flüstert Luna erschrocken.
Leo und Flo schauen sich an. „Schnell, wir verstecken uns im Gebüsch!“
Auch die Ratte verschwindet flink im Gestrüpp.

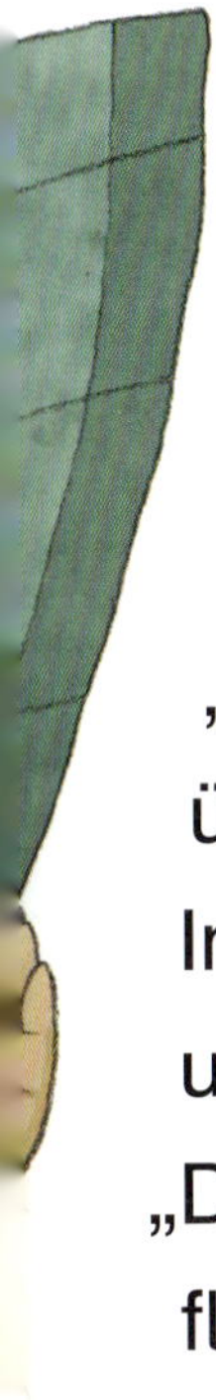

Musik und schallendes Gelächter

„Yeeehaaa! Paaartyyy!“
Es sind vier Jugendliche mit ihren Fahrrädern, die da kommen. Sie haben einen Grill, mehrere Taschen und Decken dabei. Leo beobachtet, wie ein Junge seine Flasche austrinkt und in den Wald schleudert. Es ist der Junge mit der gelben Mütze aus dem Supermarkt. Bevor Flo sie aufhalten kann, stürzt Leo aus dem Gebüsch.

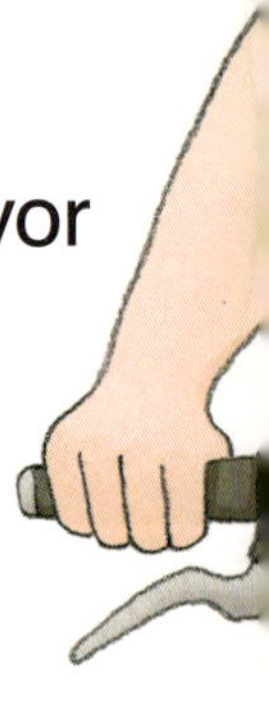

„Hey, du! Das ist total gefährlich für die Tiere! In der Flasche können sich Krötenkinder verlaufen und auch andere Tiere können sich verletzen, an den vielen Scherben zum Beispiel. Und überhaupt … “, sprudelt es aus Leo heraus.

Der Junge mit der gelben Mütze schaut Leo erstaunt an. Dann fängt er an zu lachen. „Was machst du denn hier? Bist du uns etwa nachgelaufen? Ich hab dir doch gesagt, dass du zu unserer Party nicht eingeladen bist, du Winzling!"
Leo macht sich so groß wie möglich.
„Ich will gar nicht zu deiner blöden Party. Ich will nur, dass du deinen Müll wieder mit nach Hause nimmst. Oder in einen Mülleimer wirfst, sonst ..."
„Sonst was? Willst du Zwerg mir etwa drohen?"
„Äh, nicht direkt. Aber bei so viel Müll werden die Elf... äh ... die elf Geister des Waldes total sauer und dann gibt es richtig Ärger!", stammelt Leo.
Die Großen brechen in schallendes Gelächter aus. Da kriecht auch Flo aus dem Gebüsch hervor, um Leo zu helfen.

„Ha, schaut mal! Da ist ja schon einer deiner Geister!“, brüllt der Anführer und krümmt sich vor Lachen.
Ein anderer schnappt sich eine alte Packung mit Resten von Kartoffelsalat.

„Vielleicht hat der Geist des Waldes ja Hunger? Ich denke, wir sollten ihn füttern!"

Zum Glück ertönt in diesem Moment hinter den Jungen eine Fahrradklingel.

Klingelingeling!

„Los! Weg hier!“, zischt Flo. Während die Jungs abgelenkt sind, stürzen sich die Kinder ins Gebüsch. Die Äste peitschen auf Leos nackte Arme. Aber das ist ihr egal. Sie stolpert weiter. Flo hinterher. Hauptsache weg!

„Schnell, hier rüber!“ Leo zieht Flo hinter einen Baum. Sie hört die Jugendlichen grölen. „Wo ist er nur, der mächtige Geist des Waldes? Hat er etwa Angst gekriegt?“

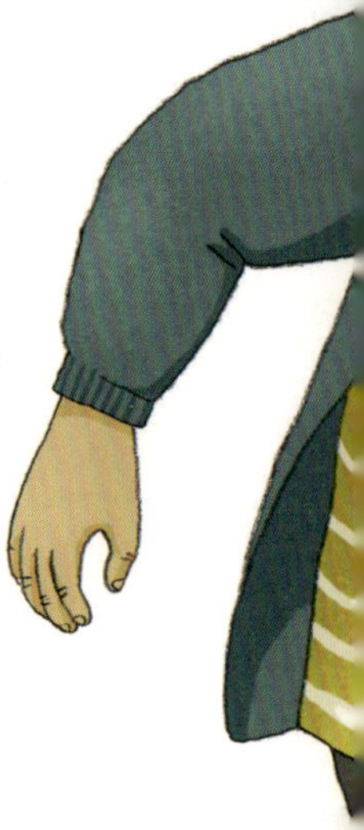

„Ich glaube, ich sehe da das Kleid von dem doofen Mädchen! Haha, jetzt haben wir sie …“, ruft einer der Jugendlichen.

„Ja, alle Mann hinterher! Die greifen wir uns!“, grölt der Junge mit der gelben Mütze.

„Oje! Gleich sind sie da“, schießt es Leo durch den Kopf. Doch sie hat eine Idee. Schnell kramt sie in ihrer Hosentasche.

Da ist es: ihr Beutelchen mit den Schrumpferbsen. Sie nimmt zwei Erbsen heraus und hält Flo eine davon vor die Nase. „Hier, iss das! Schnell!“

„Was ist das?“

„Eine Schrumpferbse …“

Leo und Flo schlucken die Erbsen runter.

„Äh, was passiert denn jetzt genau?“, fragt Flo. Leo macht gerade den Mund auf, um zu antworten, da taucht einer der Jungen vor ihr auf. „Jetzt hab ich euch!“ Er dreht sich zu seinen Freunden und winkt sie herüber. „Hier, Chef! Hinter dem Baum sind sie!“ Doch als er sich wieder zu Leo und Flo umdreht, sind sie verschwunden.

„Hä? Sie waren doch eben noch da!“

„Du brauchst wohl ’ne Brille!“, schimpft der Anführer der Bande und tritt wütend gegen einen Baumstumpf.

Die Jungs suchen noch eine Weile weiter, geben dann aber genervt auf. Flo macht währenddessen seine ersten Flugversuche.

„Das ist ja toll!“, staunt er, als er zum ersten Mal abhebt. „Bisschen wie im Schwimmunterricht, nur eben nicht im Wasser, sondern in der Luft!“

Leo klatscht begeistert in die Hände.

Sie freut sich sehr, dass Flo das Fliegen so schnell hinbekommt.
Etwa zwanzig Flügelschläge entfernt treffen sie auf die anderen.
„Da seid ihr ja!“, freut sich Mücke.
„Wir haben es genau gesehen! Diese lauten Menschen da schmeißen ihren Müll in den Wald. Diese Ferkel! Und sie waren auch noch gemein zu euch!“

„Wir werden ihnen eine Lehre erteilen, so wie ihr das in meinem Zimmer gemacht habt!“, sagt Flo grinsend.

„Jaaa, endlich kriegen die Verbrecher eins drauf!“, freut sich Mücke.

Auch Luna und Kim-Chi sind begeistert.

Leo fühlt sich schon etwas besser.

Wie gut, dass sie ihre Freunde hat!

„Okay, Leute, machen wir einen Plan!

Wollen wir doch mal sehen, was den mächtigen Geistern des Waldes so einfällt!“

Die Geister des Waldes

Leo und Mücke spähen hinter einer alten Flasche hervor. Von hier können sie alles prima beobachten. Neben ihnen hockt die kleine Kröte, die Leo und die Elfen aus der Flasche befreit haben. Die Jugendlichen haben mittlerweile einen Grill aufgebaut und es sich auf den Decken gemütlich gemacht. Es duftet lecker nach gegrillten Maiskolben. Musik schallt laut durch den Wald. Und immer wieder sind Grölen und Lachen zu hören. In einer Buche direkt über den Jungs sitzen Flo und Luna mit einer Tüte voll Müll.

„Flo und Luna haben ihre Position bezogen!“, meldet Mücke. „Und da drüben ist Kim-Chi!“

Der kleine Elf nähert sich gerade dem

Radio der Jugendlichen und winkt fröhlich herüber.

„Es geht los!“, freut sich Leo.

Plötzlich verstummt die Musik und Leo beobachtet, wie Kim-Chi mit einer Batterie unterm Arm im Gebüsch verschwindet.

Leo gibt der kleinen Kröte ein Zeichen.

„QUAK, QUAKQUAK …“, beginnt sie zu quaken. Eine andere Kröte in der Nähe stimmt mit ein.

„QUAK, QUAKQUAK …“

Dann noch eine: „QUAK, QUAKQUAK!“, und noch eine …
Rund um den gesamten Waldsee quakt es im Takt.

„QUAK, QUAKQUAK, QUAK, QUAKQUAK!“

Die Jugendlichen sehen sich erstaunt um.
„Das hört sich an wie eine riesige Kröte …“, flüstert ein Junge mit einem Totenkopf auf dem T-Shirt.
„Sei nicht albern!“, lacht der Junge mit der gelben Mütze.
„Hey, du willst doch nicht etwa abhauen? Bleib hier!“
„Nee, Mann, das ist mir echt zu gruselig!“
Der Junge mit dem Totenkopf schwingt sich auf sein Fahrrad und rast davon.

Zur selben Zeit wackelt die Tüte mit dem Müll in der Buche. Und schon sausen ein schimmliger Joghurt, ein mit Senf beschmierter Pappteller und eine leere Dose auf die übrigen Jugendlichen herab. Boing! Der Joghurt trifft den Jungen mit der gelben Mütze am Kopf.

„Spinnst du?“, fährt er seinen Kumpel an. „Was fällt dir ein? Willst wohl Ärger haben, was?“

„Was denn? Ich hab gar nichts gemacht!“

„Du …“

Plötzlich saust ein altes, schrumpeliges Würstchen mit Ketchup durch die Luft. Klatsch! „Ihhhh! Na warte, dir werde ich es zeigen!“ Der Anführer schnappt sich eine volle Blubber-Limonaden-Flasche und kippt den Inhalt über seinen Kumpel.

„Hey, was soll das?“, heult der. „Das sag ich meiner Mama!“ Er schnappt seine Sachen, springt aufs Fahrrad und fährt, so schnell er kann, davon.

„Jetzt sind nur noch zwei Ferkel übrig“, kichert Mücke.

Leo beobachtet, wie Flo und Luna aus der Buche ins Gebüsch flattern.
Da ertönt ein Quieken und eine Horde Ratten stürmt aus dem Gebüsch. Sie laufen quer über die Decken. Die beiden Jungs springen auf.
„Ihhhh, ist das eklig! Wo kommen denn die Ratten auf einmal her?“

„A… a… a… auf den Ratten haben kleine Männchen gesessen!“, stottert einer der Jungs. Im selben Moment fliegt die Mütze des anderen durch die Luft. „Deine Mütze! Mann, Alter, hier spukt es!“

Jetzt ist Mücke an der Reihe. Sie brüllt, so tief und schaurig sie kann:

„Uaaahhh! Wir sind die Geister des Waldes! Ihr habt unseren Zorn erweckt, ihr Ferkel! Wagt es nicht noch einmal, euren Müll in den Wald zu werfen!“

Mückes Stimme klingt echt gruselig. Die Jugendlichen blicken sich ängstlich um. Wie von Geisterhand schwebt eine alte Dose durch die Luft, direkt auf sie zu.

Kurz darauf kommt ein Teller geflogen …
Immer mehr Müll fliegt durch die Luft.
Natürlich sehen die Jugendlichen nicht,
dass es Kim-Chi ist, der den Müll durch
die Luft befördert … er bewegt sich
blitzschnell. Und **Zeng!** und **Zack!**
„Was ist das? Ahhh! Weg hier!“, brüllen
die Jungs.

Panisch stolpern die beiden Jugendlichen
zu ihren Fahrrädern und rasen aus dem
Wald.

„Juhu, wir haben gewonnen!“, jubelt Leo und saust fröhlich durch die Luft. Dabei hat sie so viel Schwung, dass sie einen **Looping** fliegt.

„Wow, das war ja ein echter Looping!“, staunt Kim-Chi. „Das hab ich ja noch nie gesehen!“

„Das kann nur Leo!“, sagt Luna stolz.
„Das ist unsere Leonie Looping!“, grinst Flo.
Leo landet zwischen ihren Freunden.

„Denen haben wir es aber richtig gezeigt! Die Doofnasen werden bestimmt nie wieder Müll in die Natur werfen!“, ruft sie lachend. Sie sieht sich um. „Jetzt müssen wir noch Ordnung schaffen! So, wie es hier aussieht, kann es ja nicht bleiben!“

Gemeinsam räumen sie den Müll weg.
Auch die Ratten und die Kröten helfen mit.
„Danke für eure Unterstützung!“, sagt Leo, als der Waldsee wieder schön sauber ist.
„Gerne, QUAK, ihr habt mir doch das Leben gerettet! QUAK, QUAK!
Wenn ich groß bin, will ich auch eine Schmetterlingselfe sein!“, quakt die kleine Kröte.

„Nichts zu danken!“, sagt die Ratte. „Meine Freunde und ich helfen immer gerne. Ich kann euch ja auch mal besuchen kommen, dann können wir eine leckere Tüte Müll essen!“

„Äh danke … Ich glaube, wir essen doch lieber zu Hause!“, sagt Leo grinsend.

Nur wenig später sitzen Leo, Flo und die Elfen am Ufer des Waldsees und lassen ihre Füße ins Wasser baumeln.
„Schaut mal, wie wunderschön und elfig der Schrumpferbsen-Strauch ohne den Müll aussieht!“, lächelt Luna.

Das Sonnenlicht fällt funkelnd auf die Erbsen. Sie glitzern wie kleine Perlen.

„Sag mal, da könnte doch eigentlich jeder einfach so kommen und Schrumpferbsen sammeln und dann klein werden …“, überlegt Leo.

„Nee!“, kichert Luna. „Die Erbsen wirken nur, wenn sie genau um elf vor elf gepflückt werden. Und das weiß keiner außer uns Elfen!“ Luna grinst.

„Du, Leo!“, sagt Flo plötzlich. „Nur mal so als Frage: Wann werden wir eigentlich wieder groß?“

„Äh, keine Ahnung! Das ist immer unterschiedlich!“, antwortet Leo und wird ein klitzekleines bisschen rot.

Schließlich machen sich die fünf wieder auf den Rückflug.

„Heute ist echt eine ganze Menge passiert. Aber ich finde, mit euch ist es immer besonders besonders!“, sagt Leo, als sie gemeinsam nach Hause flattern.

„Das heißt elfig, Leo!“, kichert Luna.
„Mit euch ist es immer besonders elfig!“

Tolle Extras zur elfigen Umweltreihe unter: www.leonielooping.de

Band 1: 978-3-473-36510-4
Thema Artenvielfalt

Band 2: 978-3-473-36511-1
Thema Müll

Band 3: 978-3-473-36529-6
Thema Heilkräuter

Cally Stronk

www.constanzevonkitzing.de/leonielooping/

Constanze von Kitzing

Band 4: 978-3-473-36545-6
Thema Bienen

Band 6: 978-3-473-36564-7
Thema Klimawandel

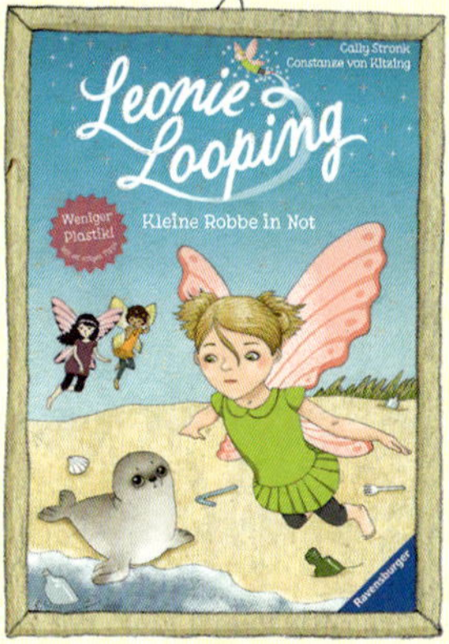

Band 7: 978-3-473-36128-1
Thema Plastik

Band 8: 978-3-473-36583-8
Thema Gesundheit

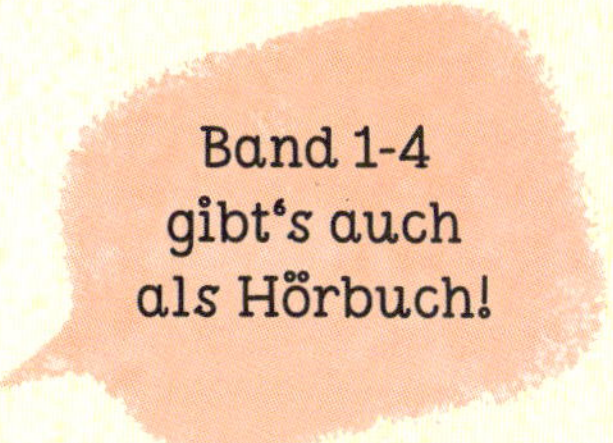

ISBN 978-3-473-**36386**-5
Band 1

ISBN 978-3-473-**36387**-2
Band 2

ISBN 978-3-473-**46036**-6
Band 3

ISBN 978-3-473-**46161**-5
Band 4

Erscheint März 2022

ERZ 21 006

AUF ZUR WILDEN KOFFER-JAGD!

MIT KRIMI-RÄTSELN

ZWEI ZWILLINGE, ZWEI GAUNER UND JEDE MENGE ABENTEUER!

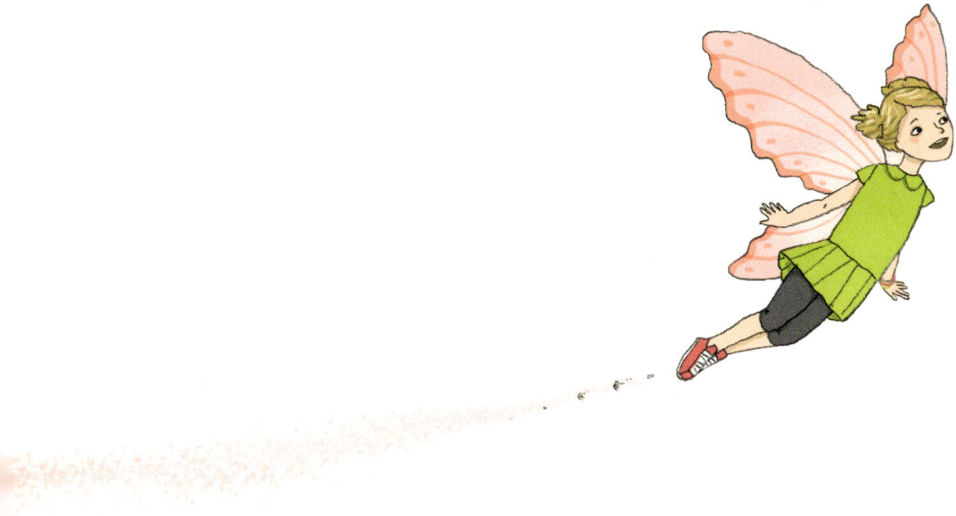